Möglichkeiten der emissionsarmen Bauweise. Baumaterialwahl und der Einsatz von Betonfertigteilen

Nikolas Bonin

Bibliografische Information der Deutschen Nationalbibliothek:

Die Deutsche Nationalbibliothek verzeichnet diese Publikation in der Deutschen Nationalbibliografie; detaillierte bibliografische Daten sind im Internet über http://dnb.d-nb.de abrufbar.

ISBN: 9783346848987
Dieses Buch ist auch als E-Book erhältlich.

Druck und Bindung: Books on Demand GmbH, Norderstedt Germany
Gedruckt auf säurefreiem Papier aus verantwortungsvollen Quellen

Das vorliegende Werk wurde sorgfältig erarbeitet. Dennoch übernehmen Autoren und Verlag für die Richtigkeit von Angaben, Hinweisen, Links und Ratschlägen sowie eventuelle Druckfehler keine Haftung.

Das Buch bei GRIN: https://www.grin.com/document/1344542

Portfolio

Internationale Hochschule Duales Studium

Studiengang: B. Eng. Bauingenieurwesen

Möglichkeiten der emissionsarmen Bauweise - Baumaterialwahl

Nikolas Bonin

Abgabedatum: 28.02.2023

Inhaltsverzeichnis

1. Einleitung 1

2. Grundlagen 2

3. Themenkomplex 3

3.1 Regelungen des Gesetzgebers - Labels 3

3.2 Herstellungsprozess von Fertigbetonwänden..4

3.2.1 Der Baustoff Beton..4

3.2.2 Herstellung der Wände 4

3.2.3 Lieferung und Einbau 5

3.3 Der Wandmodultoaster (WMT) 6

3.4 Gebrauch von Recyclingbeton 7

4. Fazit...9

5. Literaturverzeichnis...10

6. Anhang 11

Abbildungsverzeichnis

Abbildung 1 3

Abbildung 2 5

Abbildung 3 5

Abbildung 4 6

Abbildung 5 8

1. Einleitung

Der Ausstoß von klimaschädlichen Kohlenstoffdioxid-Emissionen ist in der heutigen Zeit ein immer bedeutender werdendes Thema in der Gesellschaft. Insbesondere durch den mess- und spürbaren Klimawandel ist dies für immer mehr Menschen relevant. Daher müssen weitere Möglichkeiten der Emissionsreduktion auch in der Baubranche diskutiert werden, besonders beim Bauvorgang und bei der Baumaterialwahl. Das Bauwesen hat in diesem Punkt die Aufgabe, einen Weg zu finden sowohl wirtschaftlich effizient zu bauen als auch den CO_2 Ausstoß so gering wie möglich zu halten. Dabei ist auf eine richtige Gewichtung beider Faktoren zu achten, um nicht die Wirtschaftlichkeit über die Umwelt zu stellen oder umgekehrt.

Im Bereich Baumaterialwahl gibt es immer wieder neue Hoffnungsträger, die besonders viele Emissionen einsparen sollen können und gleichzeitig in einem nachhaltigen Prozess zu verbauen sind. In dieser Portfolioarbeit werde ich mich den vielversprechenden Fertigteilwänden widmen und dabei auf eine besonders effektive, nachhaltige und gleichzeitig lukrative Art und Weise, diese zu verwenden, eingehen. Diesen Schwerpunkt habe ich gesetzt, da ich selbst in einem Unternehmen arbeite, das ausschließlich mit Fertigteilelementen seriellen und modularen Hochbau betreibt.

Um sich gezielt Gedanken machen zu können, wie und wo man Emissionen einsparen kann, kläre ich zunächst, welche Regelungen und Gesetze es zu dem Thema gibt.

Des Weiteren werden einige Grundkenntnisse über den Baustoff Beton und über die zu untersuchenden Betonfertigteilwände benötigt, auf die ich im Verlauf des Portfolios genauer eingehe. Auf diese Punkte aufbauend stelle ich die von Nobis Living entwickelte Maschine vor, welche dabei eine bedeutende Rolle spielen soll.

Zuletzt gehe ich auf den vielversprechenden Baustoff Recyclingbeton ein und vergleiche ihn mit kommerziellem Beton. Dabei ziehe ich Rückschlüsse auf die vorangegangenen Kapitel und verdeutliche Zusammenhänge.

Das Portfolio endet mit einem Fazit, indem ich die Erkenntnisse zusammenfasse und zu einer Schlussfolgerung komme, ob und wie emissionsarm die Fertigbetonteile sind. Das Fazit endet mit einem kleinen Ausblick in die Zukunft.

2. Grundlagen

Der von Menschen gemachte Klimawandel ist eines der größten Probleme der heutigen Zeit und wird auch für nachfolgende Generationen eine bedeutende Rolle spielen. Er wird hauptsächlich durch den Anstieg der Menge an Treibhausgasen in der Atmosphäre verursacht. Diese Gase, insbesondere CO_2, hindern die Wärmeenergie der Sonne daran, die Erde zu verlassen, was zu einem Anstieg der Temperaturen führt. Der größte Anteil an CO_2 in der Atmosphäre stammt aus der Verbrennung fossiler Brennstoffe wie Kohle, Öl und Gas, die beispielsweise zur Energiegewinnung und zur Fortbewegung genutzt werden. Landnutzungsänderungen, wie die Abholzung von Wäldern und die Umwandlung von unberührtem Land in Ackerflächen tragen ebenfalls zur Erhöhung der Treibhausgasmenge in der Atmosphäre bei.

Der Klimawandel hat viele direkte und indirekte Auswirkungen auf den Menschen und seine Umwelt, wie zum Beispiel Hitzewellen und daraus resultierende Dürren, Naturkatastrophen und die Beeinträchtigung vieler Ökosysteme der Erde. Darüber hinaus kann der Klimawandel die sozialökonomischen Verhältnisse beeinflussen, indem er die Wirtschaft beeinträchtigt, die soziale Ungerechtigkeit verstärkt und die Armut verschlimmert. Besonders Entwicklungsländer auf der Südhalbkugel leiden zutiefst unter den Veränderungen.

Der Bereich Bau spiel eine wichtige Rolle für den Klimawandel, da er sowohl für den Energieverbrauch als auch für die Emissionen von Treibhausgasen mit verantwortlich ist. Die Bauwirtschaft benötigt große Mengen an Baumaterialien, die oft aus Ressourcen hergestellt werden, die schwer zu ersetzen sind und die oft über lange Entfernungen transportiert werden müssen. Auch die Nutzung der Gebäude ist eine große Quelle für CO_2. Es benötigt viel Energie, die oft aus fossilen Brennstoffen gewonnen wird, um Gebäude nutzbar zu machen.

Auf internationaler Ebene gibt es einige Abkommen und Richtlinien, die den Emissionsausstoß beeinflussen können. Zum einen soll das Pariser Abkommen die Mitgliedsländer verpflichten, ihre Treibhausgasemissionen zu reduzieren, um die Erderwärmung bis zum Jahr 2100 auf 2 Grad Celsius zu begrenzen. Zum andern gibt es die Richtlinie über die Gesamteffizienz von Gebäuden (EPBD) in der EU. Diese soll die Mitgliedsländer dazu verpflichten, Maßnahmen zur Förderung der Energieeffizienz zu ergreifen, um den Energieverbrauch von Gebäuden zu reduzieren.

Auch die deutsche Bundesregierung hat sich zum Ziel gesetzt, Deutschland bis zum Jahr 2050 klimaneutral zu machen. In Bezug auf den Bau will sie den Einsatz von erneuerbaren Energien fördern und durch viele unterschiedliche Verordnungen, auf die ich im weiteren Verlauf genauer eingehen werde, die Umwelt nachhaltig schützen.

3.1 Regelungen des Gesetzgebers – Labels

In Deutschland gelten bestimmte Voraussetzungen, die man beim Bau beachten muss. Es sind besondere Verordnungen von Relevanz, die berücksichtigt werden müssen, um die staatliche Genehmigung für das Bauwerk zu bekommen. In Bezug auf Baustoffe gibt es die Bauproduktenverordnung (BauPVO). Betrachtet wird dabei der „gesamte[r] Lebenszyklus von der Herstellung über die Nutzung bis hin zum Abriss der Bauwerke sowie die Vermeidung der Freisetzung [...] klimarelevanter Stoffe" (Hestermann & Rongen, 2008, S.5). Der Ausstoß von Emissionen wird in der Verordnung selbst durch die Anforderungen an die Umweltverträglichkeit von Baustoffen reguliert. Die DIN EN 15804 dient dabei als Umweltproduktdeklaration, die eine einheitliche Regulierung vereinfachen soll (Institut Bauen und Umwelt e.V., 2016). Zusätzlich benennt die BauPVO klare Vorgaben zu den CE-Kennzeichnungen, das Label, das Sicherheit, Gesundheitsschutz und Umweltschutz plakatiert (Umweltbundesamt, 2018).

Ein weiteres sehr bekanntes Label ist der blaue Engel, ein Umweltzeichen, das vom Umweltbundesamt für Baustoffe, Bauprodukte und Dienstleistungen verliehen wird. Es ist ein international anerkanntes Label, das für eine besonders umweltfreundliche und nachhaltige Produktion, Verwendung und Entsorgung steht (Hestermann & Rongen, 2008, S. 36). Die Plakette garantiert nicht ausschließlich nur Umweltfreundlichkeit, sondern stellt auch hohe Anforderungen an die Produkte in Bezug auf die Gesundheit für den Menschen und auf die Qualität der Raumluft. Darüber hinaus existieren sehr viele weitere Plaketten und Labels, die Umweltfreundlichkeit garantieren sollen. Der blaue Engel ist jedoch eines der bekanntesten.

Anmerkung der Redaktion: Diese Abbildung wurde aus urheberrechtlichen Gründen entfernt.

Abb. 11 (Wikipedia, 2023)

Über die Nachhaltigkeit im gesamten Lebenszyklus eines Gebäudes kann eine Ökobilanz Aufschluss geben. „Diese zerlegt ein Produkt [...] in die zu einem Angebot notwendigen Prozesse und weist diesen jeweils einzelne Umweltwirkungen zu" (Hestermann & Rongen, 2008, S. 13). Durch mehrere Schritte, die alle aufeinander aufbauen, lässt sich genau der Schritt oder die Komponente optimieren, der vorher eventuell zu viel CO_2 ausgestoßen oder zu viel Abfall generiert hat. Somit kann eine umweltfreundliche und nachhaltige Bauweise besser gefördert werden, um Umweltauswirkungen zu reduzieren.

3.2 Herstellungsprozess von Fertigbetonwänden

3.2.1 Der Baustoff Beton

Der Baustoff Beton ist einer der bekanntesten und beliebtesten Baustoffe auf der Erde. Er ist ein künstlicher Stein, der aus Zement als Bindemittel, Gesteinskörnung und Wasser hergestellt wird (vgl. Hestermann & Rongen, 2015, S. 75). Beton ist besonders robust, langlebig und kostengünstig und wird daher oft im Massivbau eingesetzt. Zudem weist er einen hohen Schall- und Brandschutz sowie eine immense Beständigkeit auf, was im Bauwesen ein essenziell wichtiger Punkt ist. Im Hinblick auf die Fertigteilwände ist Beton auch ein sehr attraktiver Baustoff. Die Möglichkeiten, ihn mittels Schalungen im Werk in die gewünschte Form zu bringen, sind nahezu unbegrenzt.

Nun stellt sich die Frage: Ist Beton nachhaltig, schadet er der Umwelt, und wenn ja wie sehr? Die Antwort ist klar, die Herstellung von Beton schadet der Umwelt extrem. Zum einen benötigt die Herstellung des essenziell wichtigen Zements eine immense Energie. Rohstoffe wie Kalkstein, Ton und Sand müssen bei über 1000 Grad Celsius gebrannt werden, um den Zementklinker zu bilden. Im Jahr 2016 wurden weltweit 4,65 Milliarden Tonnen Zement produziert (Cembureau, 2017). Bei einem Durchschnittsenergieverbrauch von 110 kWh pro Tonne Zement benötigt die Herstellung im Jahr fast so viel Energie, wie ganz Deutschland im Jahr verbraucht (bdew.de, 2019). Die Erzeugung dieser Energie setzt in der Regel viele Emissionen frei, die den Klimawandel vorantreiben. Da Beton aber für nahezu alle Bauvorhaben benötigt wird, steht die Bauwirtschaft vor der Aufgabe, Lösungen zu finden, die Herstellung des Betons nachhaltiger und weniger schädlich für die Umwelt zu machen. Eine vielversprechende Alternative, auf die ich in Punkt 3.4 genauer eingehe, wäre der Recyclingbeton, der alte Ressourcen einer neuen Verwendung zuführt. Zudem gilt es einen Weg zu finden, den Beton möglichst energieeffizient zu verarbeiten, um unnötige Emissionen zu vermeiden. Können diesbezüglich Fertigbetonwände eine Alternative gegenüber dem konventionellen Ortbeton darstellen?

3.2.2 Herstellung der Wände

Betonfertigteilwände sind vorgefertigte Bauteile aus Beton, die als Wände eingesetzt werden. Im Gegensatz zu Ortbeton oder Transportbeton, bei dem Beton direkt am Bauort gegossen wird, werden die Fertigteile in einer Werkhalle vorproduziert und am Bauort nur noch montiert. Durch eine gute Vorplanung lässt sich die Qualität der Bauteile erhöhen (vgl. Hestermann & Rongen, 2015, S. 276).

In Bezug auf die Nachhaltigkeit des Baustoffes ist das Fertigteilelement nicht viel besser als der kommerzielle Ortbeton. Beides besteht aus Beton, der durch den energieintensiven Herstellungsprozess Umwelt und Klima stark belastet, wie bereits in Kapitel 3.2.1 erwähnt. Durch die Möglichkeit jedoch, mit modernsten Maschinen und abgestimmten Geräten in geschlossenen Produktionsstätten deutlich höhere Betongüten als auf Baustellen herzustellen, wird das Material effizienter

Abb. 2 (BetonWiki, 2016)

eingesetzt und besser ausgenutzt. Damit werden die Bauteile schlanker, was nicht nur Beton einspart, sondern sich auch im Baukörper positiv auswirkt.

Beim Herstellungsprozess lässt sich als Negativpunkt aufzählen, dass die Maschinen im Werk und Fahrzeuge, die das Werk beliefern und verlassen auch Emissionen ausstoßen. Beim Ortbeton wird lediglich ein Betonmischer benötigt, der den Beton zur Baustelle befördert. Im Werk jedoch können die Ressourcen effizienter genutzt werden als vor Ort. Zudem geschieht die Produktion unabhängig von Wetter. Die Betonteile können das ganze Jahr über produziert und ausgeliefert werden, wohingegen auf der Baustelle schon ab einer Temperatur von weniger als 4 Grad Celsius nicht mehr betoniert wird. Dies steigert die Effizienz einer Werkproduktion enorm und macht dieses Konzept sehr attraktiv.

Durch die Serienproduktion von Fertigteilen kann zudem Materialverschwendung minimiert werden. Auf der Baustelle bleibt oft Beton über, der meist als Abfall irgendwo hin gekippt wird. Auch die kontrollierten Produktionsbedingungen in den Fertigteilfabriken können zu einer Verbesserung der Qualität und der Nachhaltigkeit beitragen.

3.2.3 Lieferung und Einbau

Sind die Fertigteilelemente produziert, so gilt es, diese zur Baustelle zu transportieren. Dies geschieht mit einem sogenannten Innenlader (Abb. 3). Dieser muss möglicherweise einen weiten Weg zurücklegen, bis er die Baustelle erreicht. Dabei stößt er immense Massen CO_2 aus, was wiederum den Klimawandel fördert. Bei der Menge an Wänden, die für die Herstellung eines Gebäudes benötigt werden, kommen daher viele LKW-Fahrten

Abb. 3 (BFT International, 2017)

zusammen. Im Vergleich zur Verwendung von Ortbeton können es unter Umständen mehr

Emissionen sein, da der Ortbeton gleich zum Bauort transportiert wird und nicht vorher einen Umweg über das Fertigteilwerk nimmt.

Das Aufstellen der vorgefertigten Wände geht in der Regel sehr viel schneller als das Vor-Ort-Bauen mit Ortbeton. Durch kürzere Bauzeit verringert sich die Lärm- und Staubbelastung für Anwohner. Da weniger manuelle Arbeit nötig ist, sind weniger Arbeiter erforderlich, was zu einer Einsparung von Personalkosten führt.

Es ist festzustellen, Fertigteile sind wirtschaftlicher und bei optimaler Produktion auch deutlich nachhaltiger als Ortbeton. Aber gibt es noch Verbesserungspotenzial, um noch mehr Emissionen einzusparen und damit die Umweltbelastung weiter zu reduzieren?

3.3 Der Wandmodultoaster (WMT)

Der Wandmodultoaster, kurz WMT, ist ein mobiles Fertigteilwerk, das im Unternehmen Nobis Living entwickelt wurde. Es kombiniert die Vorteile von Wänden aus dem Werk und von Ortbeton. Der WMT wird direkt auf der Baustelle auf 150 Quadratmetern in drei Tagen aufgebaut. Mit ihm ist es möglich, größere Mehrfamilienhäuser innerhalb kürzester Zeit mit minimalem Ressourcen- und Arbeits-

Anmerkung der Redaktion: Diese Abbildung wurde aus urheberrechtlichen Gründen entfernt.

Abb. 4 (Dilamann, 2019)

aufwand zu errichten (vgl. Kessler, 2022). Auch bezüglich der Nachhaltigkeit und der Umweltfreundlichkeit überzeugt das Gerät. Durch eine effiziente Planung wird die Produktion nur auf den wirklichen Bedarf ausgelegt, das spart Ressourcen. Zusätzliche Stahlbewehrungen sind nur für Zugkräfte, die bei dem Herausziehen aus dem Toaster zustande kommen und im Kellergeschoss wegen der anliegenden Druckkräfte, nötig. Dies hat zur Folge, dass die Wände viel dünner sein können, was eine enorme Masse an Beton einspart. Zudem können „alle Rohbauten [...] zu 99 % recycelt werden" (ebd.). Auch der Transport der Wände aus dem Werk zur Baustelle entfällt und damit auch die dabei anfallenden CO_2-Emissionen. Die Wände werden direkt aus dem WMT mithilfe eines Krans an der benötigten Stelle platziert (Abb. 4). Es wird lediglich ein Betonmischer-Fahrzeug benötigt, das den Beton zum WMT auf die Baustelle bringt.

Durch eine eingebaute Heizung kann bei allen Temperaturen betoniert werden. Die Wände werden wie ein Brot „getoastet", woraus sich der Name des Gerätes ableiten lässt. Dieses außentemperaturunabhängige Verfahren spart daher Zeit und Geld. Bis zu 12 Wände können gleichzeitig produziert werden mit einer Dicke von bis zu 40 Zentimetern (vgl. Bundesverband Integrales Bauen, o.D.). Dank der Planung direkt vor Ort können kurzfristige Bauplanänderungen sofort umgesetzt werden, was wiederum Ressourcen spart (vgl. Dilamann, 2019). Dies ist bei einer vorproduzierten Charge aus dem Werk nicht möglich.

Der Gedanke der Nachhaltigkeit und die Einsparung von Ressourcen hört nach dem Rohbau aber nicht auf. Ein weiteres Ziel unserer Firma Nobis Living ist es, nach dem sogenannten „Nobis Living Concept" in allen Bauphasen und später bei der Gebäudenutzung so nachhaltig und zugleich so effizient wie möglich zu sein. Durch optimale Nutzung eines Wärmedämmverbundsystems, die hohe Speichermasse der Betonfertigteilwände, die Nutzung von Fotovoltaik und der Einsatz von Wärmepumpen lässt sich ein Gebäude energieeffizient betreiben: Der „Nobis Hof", ein Mehrfamilienhaus mit 56 Wohnungen, das nach dem angesprochenen Konzept gebaut wurde, spart im Jahr so viel CO_2 ein, wie 115 Einfamilienhäuser verbrauchen (vgl. Bundesverband Integrales Bauen, o.D.). Die in Punkt 3.1 angesprochene Ökobilanz ist somit auf einem sehr guten Niveau im Vergleich zu konventionell errichteten und etwa mit Gas beheizten Gebäuden. Mieter profitieren von dem Plus-Energiegebäude, denn sie zahlen keine Nebenkosten.

Hat man vor, ein Gebäude mit dem WMT zu errichten, so profitiert man von attraktiven Förderungen. Es gibt beispielsweise eine BAFA-Förderung, die bis zu 40 % der Ausgaben aufgrund des gesparten CO_2 übernimmt (siehe Anhang). Die Einsparung von CO_2 durch dieses Bauverfahren ist so ein wichtiges Kernelement im wirtschaftlichen Bauprozess. Die eingesparte Masse von CO_2 ergibt sich auch durch die Verwendung von Recycling-Beton. Aber was ist der sogenannte R-Beton eigentlich und wie spart er Emissionen ein?

3.4 Gebrauch von Recyclingbeton

Recyclingbeton ist ein innovatives Baumaterial, das zu Teilen aus Bauschutt der Baubranche hergestellt wird. Es stellt eine umweltfreundlichere Alternative zu herkömmlichem Beton dar, da es Abfall reduziert und den Bedarf an neuen Rohstoffen verringert. Aber wie entsteht nun der sogenannte R-Beton aus alten Materialien?

Zuerst wird der zu recycelnde Beton gesammelt und zur Recyclinganlage transportiert. Dort wird er sortiert, um Verunreinigungen weitestgehend zu entfernen. Nach der Zerkleinerung durch Walzen wird das feine Pulver gesiebt, um kleinste Rückstände herauszufiltern.

Daraufhin lässt sich dieses Pulver wieder mit Zuschlagstoffen wie Sand, Kies und Wasser zu neuem, recyceltem Beton verarbeiten. Auch die Gesteinskörnung, die als Gerüst im Beton dient lässt sich recyceln. Laut den DIN EN 206-1 und DIN 1045-2 darf höchstens 35% der Gesteinskörnung recycelt sein (vgl. InformationsZentrum Beton GmbH, 2021). Pro Kubikmeter entspricht das einer Einsparung von mehr als einer halben Tonne Kies und Splitt (ebd.).

Bereits jetzt liegt die Verwertungsquote von Bauschutt in Deutschland bei gut 93 % (Abbildung 5). Leider findet das Abbruchmaterial derzeit in Deutschland nur sehr wenig Verwendung in der Betonherstellung. Die Werkstoffe werden meist im Tief- und Wegebau eingesetzt und so wird das Potenzial, im eigentlichen Materialkreislauf zu bleiben, nicht ausgenutzt (ebd.). Dies zeigt, wie weit zurück die deutsche Baubranche ist, etwa im Vergleich zu beispielsweise der niederländischen. Dort hat der

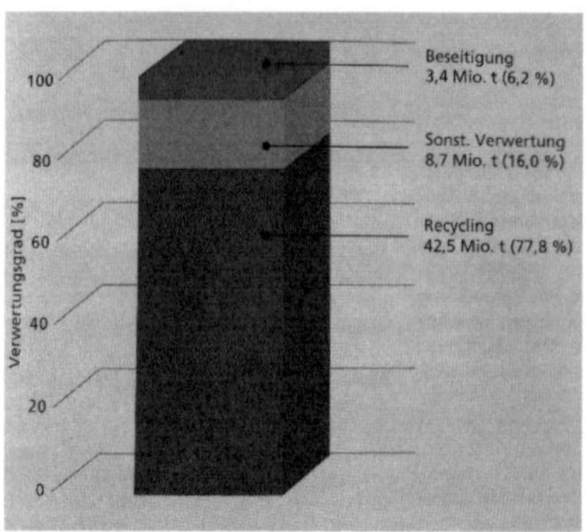

Abb. 5 (InformationsZentrum Beton GmbH, 2021)

Gesetzgeber ganze Deponierverbote ausgesprochen, und es ist möglich, sogar mehr als 50 % rezyklierte Gesteinskörnung zu verwenden. Aufgrund der hohen Bevölkerungsdichte und geringer Fläche wurde in den Niederlanden viel früher begonnen, Baustoffe zu recyceln, weshalb man dort heute wesentlich fortschrittlicher ist als in Deutschland.

Die bei uns geltenden DIN-Normen, die die Betonzusammensetzung regeln, basieren größtenteils noch auf Untersuchungen aus den 1990er Jahren. Die Industrie hatte lange Zeit kein wirkliches Interesse daran, an ressourcenschonenden Materialien zu forschen, da der kommerzielle Portlandzement wirtschaftlich lukrativ war und so niemand an Innovation gedacht hat. Erst die in den vergangenen Jahren immer größer werdende Debatte über den Klimawandel gab der Forschung einen Anstoß. Bis heute jedoch gelten „viele Einschränkungen [...] die der Praxis keine Anreize, stattdessen aber zahlreiche Hemmnisse bieten" (InformationsZentrum Beton GmbH, 2021). Es liegt also nun an der Politik, den Gebrauch von Recyclingbeton zu vereinfachen und somit den Weg für ein nachhaltiges Bauen in Zukunft freizumachen.

4. Fazit

Das Thema Nachhaltigkeit hat in den letzten Jahren für die Gesellschaft extrem an Brisanz gewonnen. Behält die Menschheit ihren Kurs unverändert bei, so werden die angestrebten Klimaziele bei weitem verfehlt werden. Andererseits besteht in Deutschland bereits jetzt akute Wohnungsnot. Das im Koalitionsvertrag der Regierung vereinbarte Ziel, 400.000 Wohnungen pro Jahr zu errichten, ist nicht zu erreichen. Insgesamt besteht aktuell das größte Defizit seit mehr als 20 Jahren mit über 700.000 fehlenden Wohnungen am Immobilienmarkt. Dies vor dem Hintergrund weiter steigender Zinsen, des Fachkräftemangels, Materialengpässen und entsprechend hohe Kosten, wankelmütigen und geringen Fördermitteln. Die staatliche Bürokratie bringt währenddessen immer komplexere Baunormen hervor, was hinzu kommt zu unberechenbaren Genehmigungsverfahren. Im Ergebnis übersteigen die Herstellungskosten die am Markt erzielbaren Verkaufs- und Mietpreise.

Somit wird die herausragende Bedeutung des seriellen und modularen Bauens für eine schnelle Lösung im Kampf gegen den Rekord-Wohnungsmangel überaus deutlich. Durch Nutzung von Fertigteilen wird die Bauzeit extrem verkürzt und durch die Wandmodultoaster-Produktion vor Ort unter Verwendung von Recyclingbeton gleichzeitig klimaschädliches CO_2 stark reduziert. Aber auch dem Fachkräftemangel begegnet der WMT mit seiner einfachen und pragmatischen Produktionsweise, was die Anzahl und Qualifikation der benötigten Arbeitskräfte betrifft. Die hohe Speichermasse von Beton ermöglicht zudem ein angemessenes Raumklima im Sommer sowie im Winter. Die Gebäude haben im Vergleich zu konventionellem Wohnungsbau eine sehr gute Ökobilanz. Gleichzeitig bietet der serielle Wohnungsbau viele Möglichkeiten, Genehmigungsverfahren zum Beispiel durch Genehmigung bestimmter Bautypen zu vereinfachen, um Einzelprüfungen weitgehend zu vermeiden.

Zusammenfassend ist ressourceneffizient und schnelles Bauen mit weniger Fachpersonal Voraussetzung für eine deutliche Zeit-, Material-, und damit Kostenreduzierung, um Wohnungsbau mit Blick auf die geschilderten wirtschaftlichen Herausforderungen zukünftig überhaupt noch zu ermöglichen. Hier ist nun der Staat gefordert, mit vereinfachten Vorschriften sowie speziellen Fördermöglichkeiten diesen Weg insgesamt viel stärker zu priorisieren, um die vorhandenen Potenziale deutlich besser auszuschöpfen.

5. Literaturverzeichnis

BetonWiki (2016): *Fertigteilwände.*
https://www.beton.wiki/index.php?title=Fertigteilw%C3%A4nde

BDEW (2019): *Gesamtstromverbrauch in Deutschland.* [online]
https://www.bdew.de/presse/presseinformationen/zahl-der-woche-gesamtstromverbrauch-deutschland/#:~:text=Zahl%20der%20Woche%20%2F%20Gesamtstromverbrauch%20in%20Deutschland,-2018%20wurden%20556&text=Der%20Verbrauch%20lag%20im%20vergangenen,kWh [abgerufen am 29.01.2023]

BFT International (2017): *Sicherer und einfacherer Transport von Fertigteilwänden.*
https://www.bft-international.com/de/artikel/bft_2012-05_Sicherer_und_einfacher_Transport_von_grossen_Fertigelementen-1422374.html

Bundesverband Integrales Bauen: *Technische Lösungen.* [online] Technische Lösungen bei der integralen Bauweise | BinBau e.V. (bin-bau.de) [abgerufen am 20.02.2023]

Cembureau – The European Cement Association (2017): *Activity Report.* [online]
https://cembureau.eu/media/vxyilmsd/activity-report-2017.pdf [abgerufen am 28.01.2023]

Dilamann, Natali (2019): *Serielle Wandproduktion direkt auf der Baustelle,* in Allgemeine Bauzeitung, 21.02.2019, [online] https://allgemeinebauzeitung.de/abz/innovative-technologie-serielle-wandproduktion-direkt-auf-der-baustelle-28676 [abgerufen am 05.02.2023].

Hestermann, Ulf/Ludwig Rongen (2015): Frick/Knöll : *Baukonstruktionslehre,* 36. Aufl., Erfurt, Deutschland: Springer

Hestermann, Ulf/Ludwig Rongen (2008): Frick/Knöll : *Baukonstruktionslehre 2,* 35. Aufl., Erfurt, Deutschland: Springer

InformationsZentrum Beton GmbH (2021): *R-Beton in der Praxis – Sonderdruck,* Wuppertal, Deutschland: Verlag Bau+Technik GmbH

Institut Bauen und Umwelt e.V. (2016): *Was bedeutet die Norm EN 15804?* [online]
https://ibu-epd.com/faq-items/bedeutet-die-norm-en-15804/ [abgerufen am 05.02.2023].

Kessler, Frank (2022): *Revolution auf der Baustelle: Bauen mit Wandmodultoaster,* Meistertipp, [online] https://www.meistertipp.de/aktuelles/news/revolution-auf-der-baustelle-bauen-mit-wandmodultoaster [abgerufen am 06.02.2023].

Umweltbundesamt (2018): *EU-Recht für Bauprodukte.* [online]
https://www.umweltbundesamt.de/themen/wirtschaft-konsum/produkte/bauprodukte/eu-recht-fuer-bauprodukte [abgerufen am 10.02.2023]

Wikipedia (2023): *Blauer Engel.* https://de.wikipedia.org/wiki/Blauer_Engel

6. Anhang

Allgemeine Produktbeschreibung
Wand-Modul-Toaster (WMT)

Die mobile Fertigungsanlage Wand-Modul-Toaster dient der senkrechten Herstellung von beidseitig schalungsglatten Betonfertigteilen als Wand- oder Deckenelemente. Diese bestehen aus selbst- bzw. leichtverdichtendem Beton, Beton C20/25, Leichtbeton C3 oder Recycling-Beton.

- Grundkonstruktion: Hauptrahmen und Schienen-Abdeckung aus Stahl
- 10 - 12 Kammerwände mit je zwei Seitenrandschalungen an den Stirnseiten, wahlweise mit Rohrleitungssystem/Heizung
- Spannvorrichtung zum Verspannen der Kammerwände
- Treppenanlage als Zugang zur Arbeitsplattform
- Fluchtleiter als zweiter Rettungsweg
- Industriegeländer an Arbeitsplattform, teilw. Klappbar

Der WMT funktioniert rein mechanisch. Die Kammerwände hängen an Laufrollen im oberen Rahmen des Grundgerüstes und lassen sich dadurch nicht nur gut bewegen, sondern bieten auch ein sicheres Arbeiten ohne Stolperstellen. Aussparungen für bspw. Fensteröffnungen werden mittels Hochleistungsmagneten positioniert.

Vor der Betonage sind die Kammerwände zu schließen und fest zu verspannen.

Der WMT kann in drei Tagen auf- bzw. abgebaut werden. Er ist transportabel und somit auf verschiedenen Baustellen einsetzbar.

Um ein optimales Ergebnis und sicheres Arbeiten sicherzustellen, ist der WMT auf einem festen tragfähigen Untergrund (ggf. punktuelle Fundamente) zu verankern.

Bei sachgemäßem und pfleglichem Umgang sind über eintausend Produktionen mit dem WMT realisierbar.

Eine Wandheizung wird empfohlen, wenn eine schnellere Abbindung des Betons (Starttemperatur) unterhalb 10 °C gewünscht ist, um die Trocknungszeit zu verkürzen und den WMT wieder schneller befüllen zu können.

Hinweis:

Nettoabmessung für Betonfertigteile: 2,5 - 2,80 m x 5,0 -8,0 m x 8,00 m x 0,08 - 0,22 cm (HxLxB).
Je nach Rezeptur und Konsistenz des eingefüllten Betons ist ggf. eine Nachverdichtung mittels Innenrüttler erforderlich.

BAFA-Förderung für den Wandmodultoaster

DeepGreen Funding GmbH

Lassen Sie sich Ihre Ausgaben für die Anschaffung des Wandmodultoasters mit bis zu 40% bezuschussen.

Faktencheck

- Sie wollen in nächster Zeit einen Wandmodultoaster der Firma Nobis Living kaufen?
- Sie haben noch keinen Kaufvertrag abgeschlossen?
- Sie möchten den Wandmodultoaster stationär und in Deutschland betreiben?

Förderung

- **Förderung in Form eines Zuschusses**
- **Bis zu 40% der Ausgaben**
- **500 € / eingesparte Tonne CO2 für mittlere und große Unternehmen und 900 € / eingesparte Tonne CO2 für kleine Unternehmen.**

Wir unterstützen Sie!

Ein kompetentes und erfahrenes Team bearbeitet für Sie den Antrag bis zur Auszahlung. Das bedeutet, dass kein Mehraufwand für Sie entsteht. Wir arbeiten mit einem erfolgserprobten Konzept und werden erfolgsabhängig vergütet.

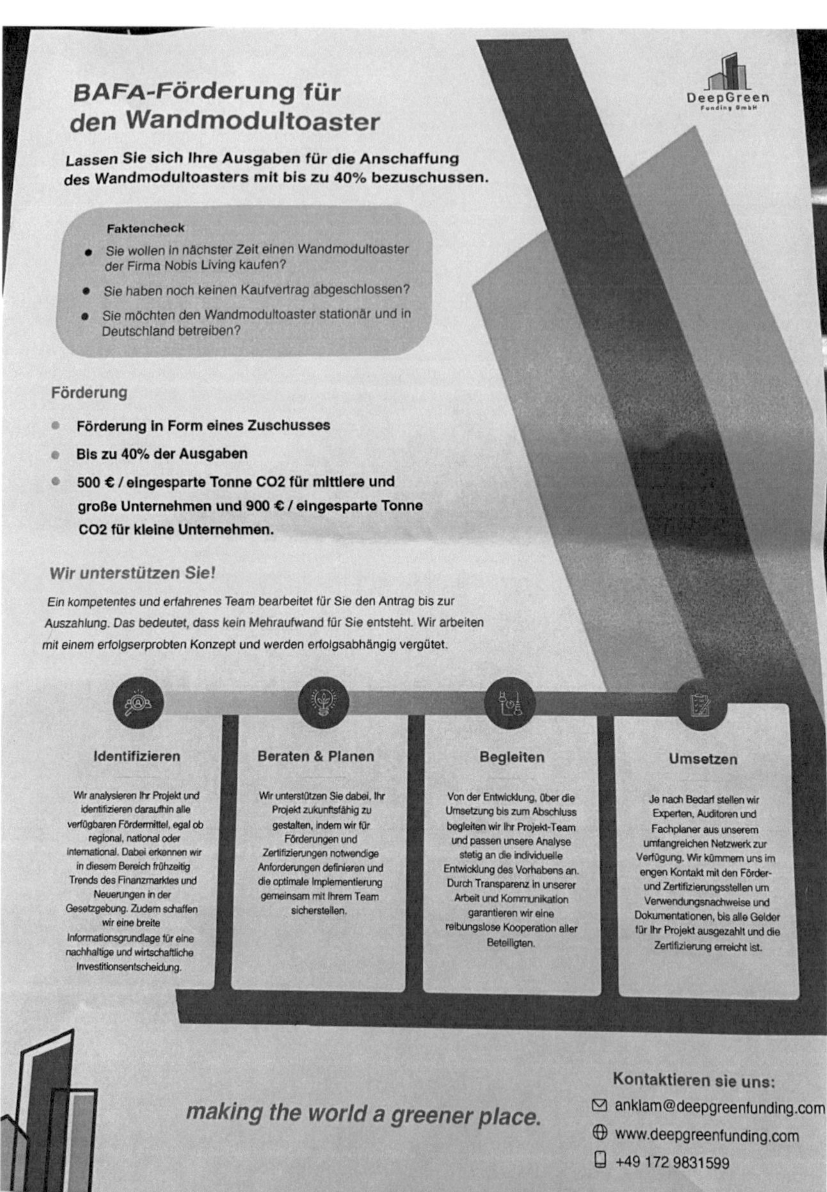

making the world a greener place.

Kontaktieren sie uns:

- anklam@deepgreenfunding.com
- www.deepgreenfunding.com
- +49 172 9831599